全国高级技工学校电气自动化设备安装与维修专业

电力电子变流技术（第二版）习题册

王现富　主编

中国劳动社会保障出版社

内容简介

本习题册为全国高级技工学校电气自动化设备安装与维修专业教材《电力电子变流技术（第二版）》的配套用书。本习题册按照教材章节顺序编写，内容紧扣教学要求，知识点分布均衡，习题难易适中，有助于学生复习巩固所学知识。

本习题册由王现富任主编，刘腾、严奉莲、田翠丽、李海雁参加编写。

图书在版编目（CIP）数据

电力电子变流技术（第二版）习题册 / 王现富主编. -- 北京：中国劳动社会保障出版社，2023

全国高级技工学校电气自动化设备安装与维修专业

ISBN 978-7-5167-6053-6

Ⅰ.①电… Ⅱ.①王… Ⅲ.①电力电子学 - 变流 - 技工学校 - 习题集 Ⅳ.①TM46-44

中国国家版本馆 CIP 数据核字（2023）第 183937 号

中国劳动社会保障出版社出版发行

（北京市惠新东街 1 号　邮政编码：100029）

*

北京市科星印刷有限责任公司印刷装订　　新华书店经销

787 毫米 ×1092 毫米　16 开本　2.75 印张　59 千字

2023 年 10 月第 1 版　　2025 年 8 月第 3 次印刷

定价：6.00 元

营销中心电话：400-606-6496

出版社网址：http://www.class.com.cn

http://jg.class.com.cn

版权专有　　侵权必究

如有印装差错，请与本社联系调换：（010）81211666

我社将与版权执法机关配合，大力打击盗印、销售和使用盗版图书活动，敬请广大读者协助举报，经查实将给予举报者奖励。

举报电话：（010）64954652

目　录

第一章　电力电子器件

§1–1　晶闸管的工作原理

一、填空题（将正确答案填在横线上）

1．晶闸管按照外观分类，可分为________________、________________、______________三种。

2．晶闸管的文字符号是__________，三个电极分别是____________、____________、__________。

3．晶闸管与二极管相似，都具有______________，电流只能从阳极流向阴极，不同的是晶闸管具有______________。

4．晶闸管的导通条件是_________________________、_________________________。

5．晶闸管的关断条件是______________________或者_________________________。

6．晶闸管 KP50—5 中，K 表示__________________，P 表示__________________，50 表示______________________，5 表示______________________。

二、判断题（正确的打√，错误的打 ×）

1．当晶闸管所加正向电压达到一定值时，即使门极不加触发电压，晶闸管也会导通，所以门极触发电压不是晶闸管导通的必要条件。（　　）

2．晶闸管加正向电压后，既可以通过门极触发导通，也可以“硬开通”，所以晶闸管是半控型元件。（　　）

3．只要让晶闸管的阳极电位低于阴极电位，就可以使晶闸管关断。（　　）

4．当晶闸管导通后，若断开门极触发电压晶闸管就会自行关断。（　　）

5．晶闸管导通后，应继续保持门极触发电压。（　　）

6．晶闸管只要加上正向阳极电压就导通，加上反向阳极电压就阻断，所以晶闸管具有单向导电特性。（　　）

7．晶闸管导通后，要使其关断，只要使门极电压为零或加负电压即可。（　　）

8．晶闸管导通后，去掉门极电压或加负的门极电压，晶闸管仍然导通。（　　）

9．晶闸管导通后，当阳极电流小于维持电流 I_H，晶闸管必然自行关断。（　　）

三、选择题（将正确答案的序号填在括号内）

1．在电力电子装置中，电力晶体管一般工作在（　　）状态。

A．放大　　B．截止　　C．饱和　　D．开关

2．晶闸管导通后，在其门极加反向电压，则该晶闸管（　　）。

A．继续导通　　　　B．饱和　　　　　C．状态不定　　D．关断

3．晶闸管内部有（　　）PN 结。

A．1 个　　　　　　B．2 个　　　　　C．3 个　　　　D．4 个

4．普通晶闸管由中间 P 层引出的电极是（　　）。

A．阳极　　　　　　B．门极　　　　　C．阴极　　　　D．无法确定

四、简答题

1．晶闸管正常导通的条件是什么？导通后流过晶闸管的电流和其两端的电压分别由什么决定？

2．在晶闸管的门极通入较小的电流可以控制阳极大电流的导通，它与晶体管用较小的基极电流控制较大的集电极电流有何不同？用晶闸管能不能像晶体管一样构成放大电路？

3．简述用万用表简单判断小功率晶闸管管脚的方法。

五、分析题

根据晶闸管工作原理示意图（见图 1–1），分析晶闸管的工作原理。

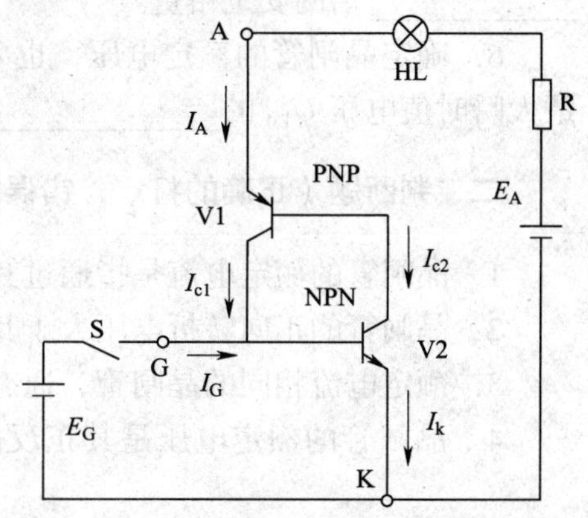

图 1–1　晶闸管工作原理示意图

§1–2　晶闸管的伏安特性和主要参数

一、填空题（将正确答案填在横线上）

1．晶闸管的伏安特性曲线是指晶闸管__________与__________之间电压和阳极电流的关系。

2．晶闸管导通后的管压降一般为__________。

3．若晶闸管在电路中可能承受的最大峰值电压为 200 V，则选择晶闸管的额定电压应为__________。

4．晶闸管的额定电流也称__________，是指在环境温度__________和规定的冷却条件下，稳定结温不超过额定结温时允许流过的__________电流的平均值。

5. 确定晶闸管的额定电流，要依据____________________与____________________相等的原则（即管芯结温一样）进行换算，由于晶闸管过载能力差，选用时一般要留有____________倍的安全裕量。

6. 确定晶闸管的额定电压，也要留有充分的安全裕量，一般按工作电路中可能承受的最大瞬时值电压 U_{TM} 的________________倍来选择晶闸管的额定电压。

二、判断题（正确的打√，错误的打 ×）

1. 晶闸管的额定电流是指通过其的电流有效值。（ ）
2. 晶闸管的正向转折电压大于其正向不重复峰值电压。（ ）
3. 额定电流相同的晶闸管，通态平均电压越小，晶闸管性能越好。（ ）
4. 晶闸管的额定电压是其正反向重复峰值电压中较小的那个值按百位取整后的数值。（ ）
5. 晶闸管合格证上标明触发电压 0.2 V $\leqslant U_{GT} \leqslant$ 3.0 V，表示该晶闸管门极所加触发电压的幅值不能大于 3.0 V。（ ）
6. 当门极被施加毫安级的电流或几伏电压时，就可以控制阳极安培级的电流，所以晶闸管和晶体管一样具有放大功能。（ ）
7. 晶闸管具有可控单向导电性，而且控制信号可以很小，阳极回路被控电流可以很大。（ ）
8. 造成晶闸管误导通的原因有两个：一是干扰信号加于门极，二是加到晶闸管上的电压上升过快。（ ）
9. 通过晶闸管的电流平均值，只要不超过晶闸管的额定电流值，就是符合使用要求的。（ ）
10. 晶闸管加正向电压，触发电流越大，越容易导通。（ ）

三、选择题（将正确答案的序号填在括号内）

1. 晶闸管具有（ ）。
   A. 单向导电性
   B. 可控单向导电性
   C. 电流放大特性
   D. 负阻效应
2. 晶闸管“硬开通”是在（ ）情况下发生的。
   A. 阳极反向电压小于反向击穿电压
   B. 阳极正向电压小于正向转折电压
   C. 阳极正向电压大于正向转折电压
   D. 阴极加正向电压，门极加反向电压
3. 晶闸管的额定电流是用电流的（ ）来表示的。
   A. 有效值　　B. 最大值
   C. 平均值

四、简答题

1．早期的一些晶闸管装置，有的夏天工作正常冬天不可靠，有的冬天工作正常夏天不可靠，可能的原因是什么？

2．晶闸管和二极管的伏安特性曲线有什么相同点和不同点？

3．结合教材中图 1–8 所示的晶闸管伏安特性曲线，简要分析晶闸管正向伏安特性时的导通过程。

五、计算题

假设晶闸管接在 380 V 的正弦交流电路中，通过器件的电流有效值为 100 A，试问晶闸管应选择什么型号？

§1–3 全控型电力电子器件

一、填空题（将正确答案填在横线上）

1. 门极可关断晶闸管的英文缩写为__________，具有门极__________信号触发导通、门极__________信号触发关断的特性。

2. 功率晶体管简称__________，又称__________晶体管，有__________和__________两种结构，故也称双极型晶体管 BJT。

3. GTR 的缺点是耐冲击能力差，易受__________击穿而损坏。

4. MOSFET 有__________沟道和__________沟道两种。__________沟道中载流子是电子，__________沟道中载流子是空穴。

5. 绝缘栅双极晶体管简称 IGBT，是 20 世纪 80 年代发展起来的复合型电力电子器件，它将__________和__________结合于一体，既有输入阻抗高、开关速度快、热稳定性好和驱动电路简单的优点，又有输入通态电压低、耐压高和承受电流大的优点。

二、判断题（正确的打√，错误的打 ×）

1. 电力 MOSFET 电压不能太高、电流容量也不能太大，所以目前只适用于小功率电力电子装置。（ ）

2. MOSFET 是压控型器件，其门极控制信号是电流。（ ）

3. 普通晶闸管通过门极控制开通和关断，所以是全控型器件。（ ）

4. 电力电子器件通常工作在开关状态。（ ）

5. 电力电子器件在使用中必须加散热器。（ ）

三、选择题（将正确答案的序号填在括号内）

1. 下面给出的四个图形符号中，（　　）是门极可关断晶闸管的图形符号。

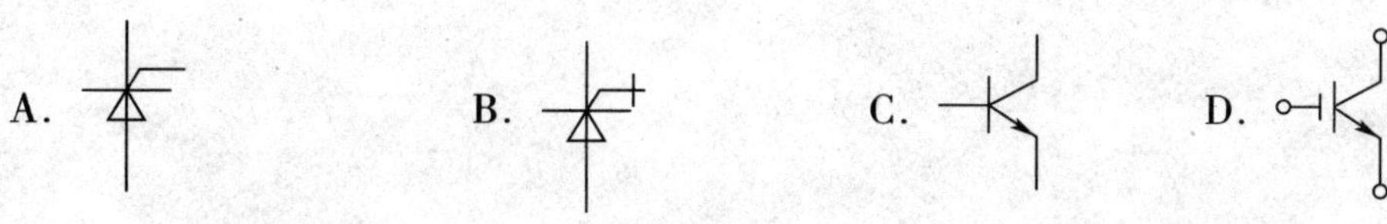

2.（　　）广泛应用于电力机车的逆变器、大功率直流斩波器调速装置中。

A. GTO　　B. GTR　　C. MOSFET　　D. IGBT

3. 下面电力电子器件中，属于电流控制器件的是（　　）。

A. MOS 控制晶闸管　　B. IGBT

C. 电力场效应晶体管　　D. 门极可关断晶闸管

4. 比较而言，下列半导体器件中开关速度最快的是（　　）。

A. IGBT　　B. MOSFET　　C. GTR　　D. GTO

5. 比较而言，下列半导体器件中开关速度最慢的是（　　）。

A. IGBT　　B. MOSFET　　C. GTR　　D. GTO

6. 比较而言，下列半导体器件中性能最好的是（　　）。

A. IGBT　　B. MOSFET　　C. GTR　　D. GTO

7. 比较而言，下列半导体器件中输入阻抗最大的是（　　）。

A. IGBT　　B. MOSFET　　C. GTR　　D. GTO

8. 电力 MOSFET 适于在（　　）条件下工作。

A. 直流　　B. 低频　　C. 中频　　D. 高频

四、简答题

1. 请列表对 GTO、GTR、电力 MOSFET、IGBT 的名称、结构、控制特点、电气符号以及应用场合等作简要说明。

2. 与 GTR 相比电力 MOSFET 有何优缺点？

3. 与 GTR、电力 MOSFET 相比，IGBT 有何特点？

第二章　晶闸管触发电路

§2–1　晶闸管对触发信号的要求

一、填空题（将正确答案填在横线上）

1. 晶闸管的触发信号可以是____________、____________或______________形式；其中常用的是______________触发形式。

2. 晶闸管常见的触发信号有______________、____________、______________、______________。

3. 晶闸管要求触发信号前沿要陡的目的是：________________________。

4. 为使晶闸管在每个周期内都能在相同相位上触发，就得要求触发信号________。

二、判断题（正确的打√，错误的打 ×）

1. 为保证晶闸管都能可靠导通，晶闸管的门极触发电压和电流可以短时间内超过额定值。（　）

2. 由于一般晶闸管的导通时间为 6 μs，所以触发脉冲的宽度只要在 6 μs 以上即可保证晶闸管可靠导通。（　）

3. 同一型号的晶闸管其门极触发电压和触发电流是一致的。（　）

4. 晶闸管触发电路的漏电压越小越好。（　）

5. 同一电路不同的负载对晶闸管触发脉冲的宽度要求也不同。（　）

6. 电路中触发信号的移相范围是根据负载要求确定的。（　）

7. 任何形式的触发信号对于晶闸管的门极和阴极来说都必须是正向的。（　）

三、简答题

晶闸管对触发信号的基本要求是什么？

§2–2　单结晶体管触发电路

一、填空题（将正确答案填在横线上）

1．由单结晶体管组成的触发电路，其输出的触发信号是__________，优点是__________、__________、__________、__________，同时电路结构简单、调试维修方便。

2．触发电路中常用的单结晶体管型号有 BT33 和 BT35 两种，其中 B 表示__________，T 表示__________，第一个数字 3 表示__________，第二个数字 3 表示__________，5 表示__________。

3．单结晶体管的分压比用__________表示，它是单结晶体管的主要参数之一，其数值主要与管子的结构有关，一般在__________之间。

4．单结晶体管的伏安特性曲线可分为__________、__________、__________三段进行分析。

5．单结晶体管自激振荡电路中电容 C 的容量不能太小，一般在__________μF；电阻 R1 阻值不能太大，一般取__________Ω 为宜。

6．单结晶体管触发电路控制线性度差，可用移相范围一般小于__________，不加放大环节可触发__________A 以下的晶闸管。

二、判断题（正确的打√，错误的打 ×）

1．单结晶体管由一个发射极、一个基极、一个集电极组成。（　　）

2．单结晶体管只要发射极电压高过谷点电压就能导通。（　　）

3．用稳压管削波得到的梯形波给单结晶体管自激振荡电路供电，目的是为了使触发脉冲与晶闸管主电路实现同步。（　　）

4．在单结晶体管触发电路中，稳压管削波的作用是为了扩大脉冲的移相范围。（　　）

5．在电路中接入单结晶体管时，如果把 b1、b2 接反了，会烧坏管子。（　　）

6．单结晶体管触发电路输出的触发脉冲比较窄。（　　）

7．单结晶体管的第一基极 b1 与发射极 e 之间的电阻为固定电阻。（　　）

8．当单结晶体管的发射极电压增至峰点电压 U_p 时，晶体管导通。（　　）

9．当单结晶体管的发射极电压降至谷点电压 U_v 以下时，晶体管截止。（　　）

10．单结晶体管自激振荡电路中，电阻 R2 是温度补偿电阻，作用是保持振荡频率稳定。（　　）

三、选择题（将正确答案的序号填在括号内）

1．单结晶体管自激振荡电路输出脉冲的幅值为（　　）。

A．单结晶体管发射结的正向电压值

B．电容器上的充电电压值

C．电容器充电电压的峰值

D．单结晶体管峰点电压减去谷点电压的值

2．当单结晶体管的发射极电压 U_e 升高到（　　）时，单结晶体管就会导通。

A．峰点电压　　B．谷点电压

C．两基极间电压　　D．不确定

3．单结晶体管一旦导通，就会呈现负阻特性，即随着 I_e 的增大，U_A 将（　　）。

A．变大　　B．变小

C．不变　　D．不确定

4．单结晶体管自激振荡电路中，R1 上脉冲电压的宽度取决于（　　）。

A．R1 的大小

B．电容 C 的大小

C．R2 的大小

D．电容 C 放电时间常数的大小

5．单结晶体管自激振荡电路中，R1 上脉冲电压的幅值取决于（　　）。

A．R1 的大小

B．电容 C 的大小

C．R2 的大小

D．电容 C 放电时间常数的大小

6．单结晶体管振荡电路是利用单结晶体管（　　）的工作特性设计的。

A．截止区　　B．负阻区

C．饱和区　　D．任意区域

7．单结晶体管触发电路输出的触发信号是（　　）。

A．方脉冲　　B．尖脉冲

C．强触发脉冲　　D．脉冲列

四、简答题

1．由单结晶体管触发的晶闸管电路如何调节移相角 α 的大小？

2．根据单结晶体管自激振荡电路及其波形（见图 2–1），简述其是如何在电阻 R1 上得到尖脉冲的？

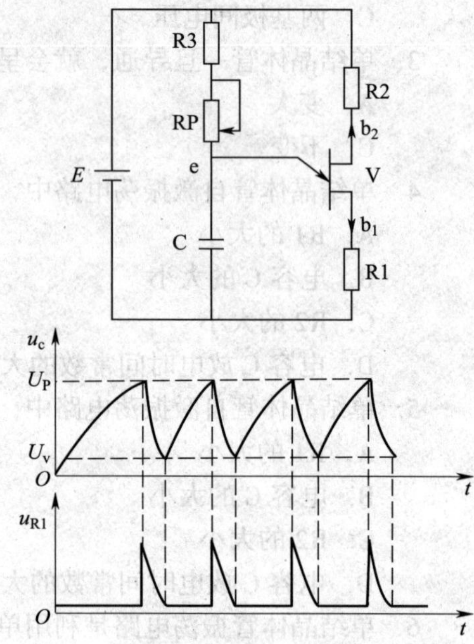

图 2–1　单结晶体管自激振荡电路及其波形

3．具有同步环节的单结晶体管触发电路（见图 2–2）是如何实现触发脉冲与主电路同步的？

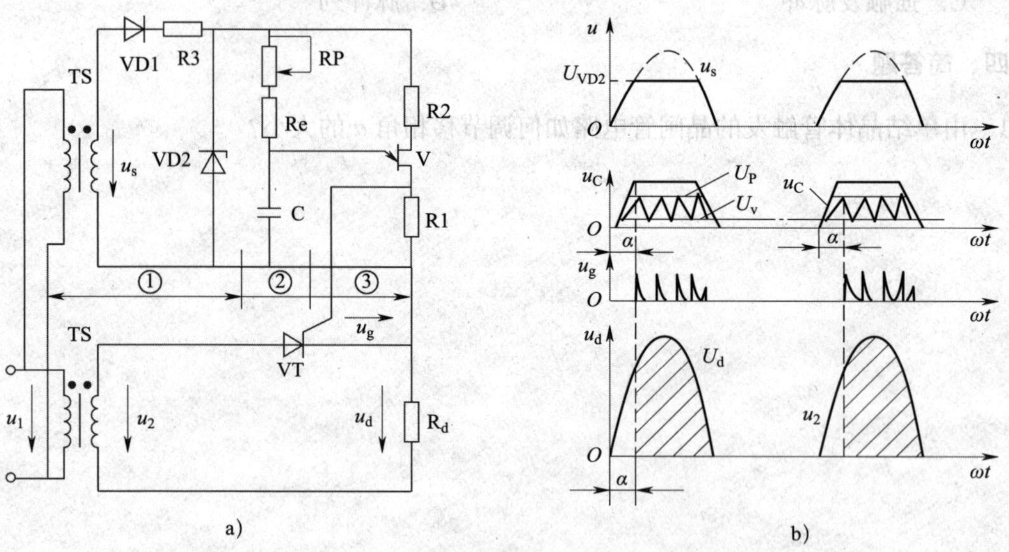

图 2–2　单结晶体管同步触发电路及其波形

4．简述用万用表测试单结晶体管好坏的方法。

五、作图题

由图 2–3 单结晶体管触发电路画出各点波形。

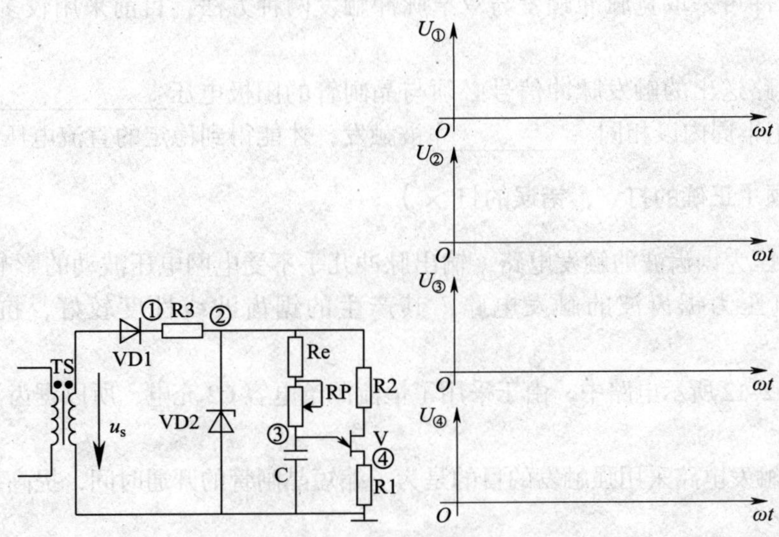

图 2–3 单结晶体管触发电路

§2–3　同步电压为锯齿波的触发电路

一、填空题（将正确答案填在横线上）

1．同步电压为锯齿波的触发电路由______________，______________，______________，______________，______________等基本环节组成。

2．教材图 2–12 所示电路中，晶体管 V3 为射极跟随器，起______________作用，以减小后级对锯齿波线性的影响。调节电位器__________可调节锯齿波的斜率。

3．教材图 2–12 所示电路中，加在晶体管 V4 基极的电压是由______________、______________、______________三者叠加决定的。

4．教材图 2–12 所示电路中，强触发环节变压器二次侧电压为__________V，经单相桥式整流、阻容 π 型滤波后，电容 C6 可得到近__________V 的直流电压。

5．触发脉冲可采取宽脉冲触发与双窄脉冲触发两种方法，目前采用较多的是________触发方法。

6．触发电路送出的触发脉冲信号必须与晶闸管的阳极电压__________，保证在管子阳极电压每个正半周内以相同__________被触发，才能得到稳定的直流电压。

二、判断题（正确的打√，错误的打 ×）

1．同步电压为锯齿波的触发电路，输出脉冲几乎不受电网电压波动的影响。（　　）

2．同步电压为锯齿波的触发电路，其产生的锯齿波线性度较好，抗干扰能力强。（　　）

3．教材图 2–12 所示电路中，由于采用了恒流源给电容 C2 充电，所以锯齿波线性度较好。（　　）

4．晶闸管触发电路采用强触发的目的是为了缩短晶闸管的开通时间，提高系统的可靠性。（　　）

5．同步电压为锯齿波的触发电路，采用了强触发环节后，输出的脉冲幅值更高，前沿更陡。（　　）

6．同步电压为锯齿波的触发电路，由于没有采用强触发环节，所以其输出脉冲为方脉冲。（　　）

三、选择题（将正确答案的序号填在括号内）

1．脉冲变压器传递的是（　　）电压。

A．直流　　　　B．正弦波

C．脉冲波

2．在同步电压为锯齿波的晶体管触发电路中，可以通过改变（　　）的大小，使输出脉冲产生相位移动，以达到移相控制的目的。

A．同步电压　　B．控制电压

C．脉冲变压器变比

3．同步电压为锯齿波的晶体管触发电路，以锯齿波电压为基准，再叠加（　　）控制晶体管状态。

A．交流控制电压　　B．直流控制电压

C．脉冲信号　　D．任意波形电压

4．以下关于同步电压为锯齿波的晶体管触发电路，叙述正确的是（　　）。

A．产生的触发功率最大　　B．适用于大容量晶闸管

C．锯齿波线性度最好　　D．适用于较小容量晶闸管

5．带强触发环节、同步电压为锯齿波的晶体管触发电路，输出的触发信号是（　　）。

A．方脉冲　　B．尖脉冲

C．强触发脉冲　　D．脉冲列

四、简答题

1．晶闸管整流电路中的脉冲变压器有什么作用？

2．电路采用强触发环节的意义是什么？

3．试结合教材图 2–12 所示电路，分析双脉冲形成的过程。

4．试结合教材图 2–12 所示电路，说明设置负偏移电压 U_b 的作用。

5．同步电压为锯齿波的触发电路有何特点？

五、作图题

试结合教材图 2–12 所示电路，画出图中①～⑥点的输出波形。

§2–4 集成触发电路

一、填空题（将正确答案填在横线上）

1．由于集成触发器具有__________、__________、__________、__________、__________等优点，因此近年来应用越来越广泛。

2．KC04 移相触发器的内部电路与分立元件组成的锯齿波触发电路相似，也是由______、______、______、______和______等部分组成。

3．KC04 移相触发器共有________个管脚，其所需的外部电源为________V。

4．KC04 移相触发器的脉冲输出管脚为________号、________号。

5．KC41C 具有双脉冲形成和电子开关封锁功能，其脉冲封锁信号接________号管脚。

二、判断题（正确的打√，错误的打 ×）

1．KC04 适用于在单相、三相全控桥整流装置中作晶闸管的双路触发脉冲移相触发使用。（　）

2．用 KC04 组成的三相全控桥集成触发电路，因主电路有 6 只晶闸管，所以需要 6 块 KC04 集成块。（　）

3．KC04 的内部电路与分立元件组成的锯齿波触发电路相似。（　）

4．用 KC04、KC41C 组成的三相全控桥集成触发电路，经 KC41C 输出的双窄脉冲需要进一步放大才能触发大功率的晶闸管。（　）

三、简答题

请结合教材图 2–22，简述 KC41C 的工作原理。

第三章　单相可控整流电路

§3–1　单相半波可控整流电路

一、填空题（将正确答案填在横线上）

1．晶闸管整流电路与晶体二极管整流电路的最大区别是：晶闸管整流电路的输出是__________，而晶体二极管整流电路的输出是________。

2．在单相半波可控整流电路中，当电感性负载接续流二极管时，控制角的移相范围为__________。

二、判断题（正确的打√，错误的打 ×）

1．晶闸管可控整流实际上是控制晶闸管的导通时间。（　）

2．晶闸管在反向击穿电压作用下，有限流电阻也能工作。（　）

3．晶闸管整流装置触发系统性能的调整，如定相、调零、调节幅值、开环、闭环、过流保护等，可根据调试仪器使用情况任意进行。（　）

4．在晶闸管整流电路中，导通角越大则输出电压的平均值越小。（　）

5．单相半波可控整流电路若接电动机负载，需在负载侧并接续流二极管才能正常工作。（　）

三、选择题（将正确答案的序号填在括号内）

1．单相半波可控整流电路中，晶闸管可能承受的反向峰值电压为（　）。

A．U_2　　B．$\sqrt{2}U_2$

C．$2\sqrt{2}U_2$　　D．$\sqrt{6}U_2$

2．单相半波可控整流电阻性负载电路，控制角 α 的最大移相范围是（　）。

A．90°　　B．120°

C．150°　　D．180°

3．单相半波可控整流电路输出直流电压的平均值等于整流前交流电压的（　）倍。

A．1　　B．0.5

C．0～0.45　　D．0～0.9

4．为了让晶闸管可控整流电感性负载电路正常工作，应在电路中接入（　）。

A．三极管　　B．续流二极管

C．保险丝

四、简答题

1．在主电路没有整流变压器，用示波器观察主电路各点波形时，务必采取什么措施？用双踪示波器同时观察电路两处波形时，务必注意什么问题？

2．在单相半波可控整流大电感负载有续流二极管的电路中，晶闸管的控制角 α 的最大移相范围是多少？另外，晶闸管和续流二极管的导通角，分别与 α 是何关系？

五、计算题

单相半波可控整流电路接电阻性负载，若 $U_2=100\ \text{V}$，负载 $R_d=2\ \Omega$，当 $\alpha=30°$ 时：

（1）求整流输出平均电压 U_d、平均电流 I_d、变压器二次电流有效值 I_2；

（2）考虑安全裕量，确定晶闸管的额定电压和额定电流。

§3–2 单相桥式全控整流电路

一、填空题（将正确答案填在横线上）

1．当接反电动势负载时，只有______________的瞬时值大于负载的反电动势，整流桥路中的晶闸管才能随受正向电压而触发导通。

2．一个单相桥式全控整流电路，交流电压有效值为 220 V，流过晶闸管的电流有效值为 15 A，则这个电路中晶闸管的额定电压可选为____________________________，额定电流可选为__________________。

3．单相桥式全控整流电路中，晶闸管承受的最大反向电压为____________。单相半波可控整流电路中，晶闸管承受的最大反向电压为____________。（电源变压器二次侧电压的有效值为 U_2）

二、判断题（正确的打√，错误的打 ×）

1．单相桥式全控整流电路接电阻性负载或电感性负载，晶闸管均在电源电压过零时关断。（　　）

2．对于单相桥式全控整流电路，晶闸管 VT1 无论是短路还是断路，电路都可作单相半波整流电路工作。（　　）

3．在单相桥式全控整流电路中，晶闸管的额定电压应取 U_2。（　　）

4．在变压器二次侧电压和负载电阻相同的情况下，单相桥式全控整流电路的输出电流是单相半波可控整流电路输出电流的 2 倍。（　　）

5．若 U_2 为电源变压器二次侧电压的有效值，则半波整流有电容、滤波电路和全波整流电容滤波电路在空载时的输出电压均为 $\sqrt{2}U_2$。（　　）

三、选择题（将正确答案的序号填在括号内）

1．单相桥式全控整流电阻性负载电路中，控制角 α 的最大移相范围是（　　）。

A．90°　　　B．120°

C．150°　　　D．180°

2．单相桥式全控整流大电感负载电路中，控制角 α 的移相范围是（　　）。

A．0°～90°　　　B．0°～180°

C．90°～180°　　　D．180°～360°

3．单相全控桥整流电路接 L 负载（不接续流二极管），负载电流 I_d=10 A，安全余量取 2，则晶闸管的通态平均电流 $I_{T(AV)}$ 应取（　　）。

A．9 A　　　B．5 A

C．4.5 A　　　D．20 A

四、简答题

在单相桥式全控整流电路中，若有一晶闸管因为过流而烧成断路，结果会怎样？如果烧成短路，结果又会怎样？

五、计算题

单相桥式全控整流电路，U_2=100 V，负载 R_d=2 Ω，L 值极大，当 α=30°时：

（1）画出 u_d、i_d、和 i_2 的波形；

（2）求整流输出平均电压 U_d、平均电流 I_d，变压器二次电流有效值 I_2；

（3）考虑安全裕量，确定晶闸管的额定电压和额定电流。

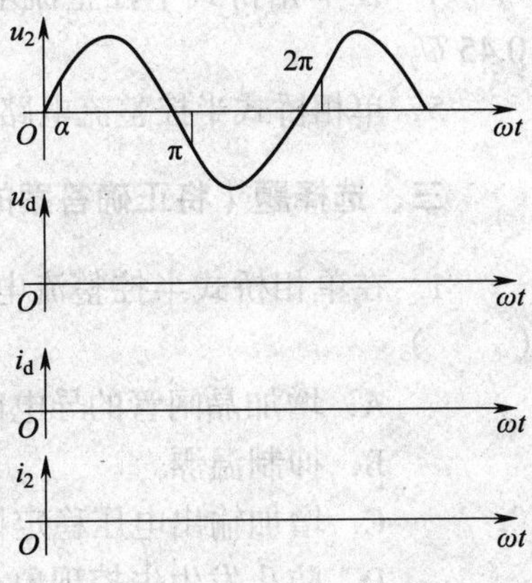

§3–3　单相桥式半控整流电路

一、填空题（将正确答案填在横线上）

1．单相桥式半控整流电路（电阻性负载）的最大导通角是________，移相范围是________，晶闸管阻断时承受的最大正向电压是________，最大反向电压是________。

2．单相桥式半控整流电路（大电感负载）无续流二极管，当________或脉冲丢失时，会发生________的现象，可在负载两端________一只续流二极管。

3．单相桥式半控整流电路输出电压脉冲________，电阻性负载时负载电流脉冲________，且整流变压器二次绕组中存在________，使铁芯磁化，变压器不能充分利用。

二、判断题（正确的打√，错误的打 ×）

1．在单相桥式半控整流电路中，晶闸管、整流二极管和续流二极管均承受相同的正反相电压。（　　）

2．在单相桥式半控整流电阻性负载电路中，当 $\alpha>90°$ 时，晶闸管承受的最大反向电压小于 $\sqrt{2}U_2$。（　　）

3．在单相桥式半控整流带大电感负载不加续流二极管电路中，电路出故障时会出现失控现象。（　　）

4．在单相桥式半控整流电阻性负载电路中，当 $\alpha=90°$ 时，输出直流电压的平均值 $U_L=0.45\,U_2$。（　　）

5．单相桥式半控整流电路与单相桥式全控整流电路的工作情况相同。（　　）

三、选择题（将正确答案的序号填在括号内）

1．在单相桥式半控整流电感性负载电路中，在负载两端并联一只续流二极管的目的是（　　）。

A．增加晶闸管的导电能力

B．抑制温漂

C．增加输出电压稳定性

D．防止发生失控现象

2．在单相桥式半控整流电阻性负载电路中，控制角 α 的最大移相范围是（　　）。

A．90°　　B．120°

C．150°　　D．180°

3．在单相桥式半控整流大电感负载电路中，控制角 α 的移相范围是（　　）。

A．0°～90°　　B．0°～180°

C．90°～180°　　D．180°～360°

四、简答题

1．有一单相桥式半控整流感性负载电路，当触发脉冲突然消失或 α 突然增大到 π 时，电路会发生什么现象？当电路失控时，可用什么方法判断哪一只晶闸管一直导通，哪一只一直阻断？

2．单相桥式全控整流电路和单相桥式半控整流电路有哪些区别？

五、计算题

1．单相桥式半控整流电阻性负载电路，最大输出电压为 110 V，输出电流为 50 A，求：

（1）交流电压的有效值 U_2；

（2）当 α=60°时，输出电压是多少？

2. 有一电阻性负载，需要可调的直流电压 U_0=0～60 V，直流电流 I_0=0～10 A，采用单相桥式半控整流电路，试计算变压器的二次侧电压有效值 U_2，并选择整流元件。

3. 试画出单相桥式半控整流电阻性负载电路中，整流二极管一个周期内承受的电压波形。

第四章　三相可控整流电路

§4–1　三相半波可控整流电路

一、填空题（将正确答案填在横线上）

1. ____________可控整流电路，是三相可控整流电路最基本的组成形式。

2. 三相半波可控整流电路带大电感负载时，其移相范围为__________。

3. 三相半波可控整流电路中，三只晶闸管的触发脉冲相位按相序依次相差__________。

4. 触发脉冲有宽脉冲和双窄脉冲两种，目前采用较多的是__________。

5. 三相半波可控整流电路带电阻性负载，当控制角__________时，__________电流连续。

6. 三相半波可控整流电路带电感性负载，当控制角____________时，输出电压波形出现负值，因而常需加续流二极管。

二、判断题（正确的打√，错误的打 ×）

1. 三相半波可控整流电路带电阻性负载，当控制角 α=60° 时，输出波形仍能连续。（　　）

2. 三相半波可控整流电路输出电压波形的脉动频率为 300 Hz。（　　）

3. 三相半波可控整流电路，不需要大于 60° 小于 120° 的宽脉冲触发，也不需要相隔 60° 的双脉冲触发，只要符合要求并相隔 120° 的三组脉冲触发就能正常工作。（　　）

4. 三相半波可控整流电路中，如果三只晶闸管采用同一组触发装置，则 α 的移相范围只有 120°。（　　）

5. 三相半波可控整流电路必须采用双窄脉冲触发。（　　）

6. 三相半波可控整流电路有两种接法：一种是共阴极接法，另一种是共阳极接法。（　　）

三、选择题（将正确答案的序号填在括号内）

1. 三相半波可控整流电路带电阻性负载，当控制角（　　）时，整流输出电压与电流的波形断续。

A. 0° <α ≤ 30°　　B. 30° <α ≤ 150°

C. 60° <α<180°　　D. 90° <α<180°

2. 三相半波可控整流电路带电阻性负载，当控制角 α 为（　　）时，电路的输出电压波形处于连续和断续的临界状态。

A. 0°　　B. 60°

C. 30°　　D. 120°

3．三相半波可控整流电路的自然换相点是（　　）。

A．交流相电压的过零点

B．本相相电压与相邻相电压正半周的交点处

C．比三相不控整流电路的自然换相点超前 30°

D．比三相不控整流电路的自然换相点滞后 60°

4．三相半波可控整流电路带电阻性负载，如果三只晶闸管采用同一相触发脉冲，则 α 的移相范围是（　　）。

A．0°～60°　　B．0°～90°　　C．0°～120°　　D．0°～150°

5．三相半波可控整流电路各相触发脉冲的相位差为（　　）。

A．60°　　B．90°　　C．120°　　D．180°

6．三相半波共阴极可控整流电路带电感性负载，当负载电流 I_d=100 A 时，不考虑安全余量，晶闸管的通态平均电流 $I_{T(AV)}$ 应取（　　）。

A．20 A　　B．30 A　　C．36.8 A　　D．10 A

7．三相半波共阴极可控整流电路带电阻性负载，其触发延迟角的最大移相范围是（　　）。

A．150°　　B．120°　　C．90°　　D．180°

四、简答题

有两组三相半波可控整流电路。一组是共阴极接法，一组是共阳极接法，如果它们的触发角都是 α，那么共阴极组的触发脉冲与共阳极组的触发脉冲对相同一相来说（假如都是 W 相），在相位上差多少度，为什么？

五、作图题

1．在三相半波可控整流电路中，假如 W 相的触发脉冲消失，绘出在电阻性负载和电感性负载下整流电压 u_d 的波形。

（1）电阻性负载时：

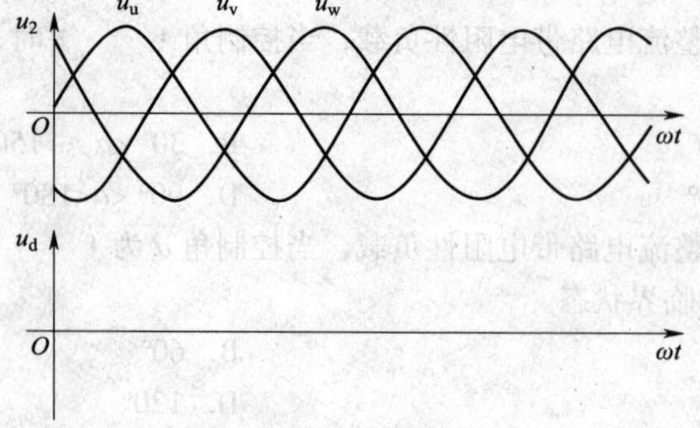

（2）电感性负载时：

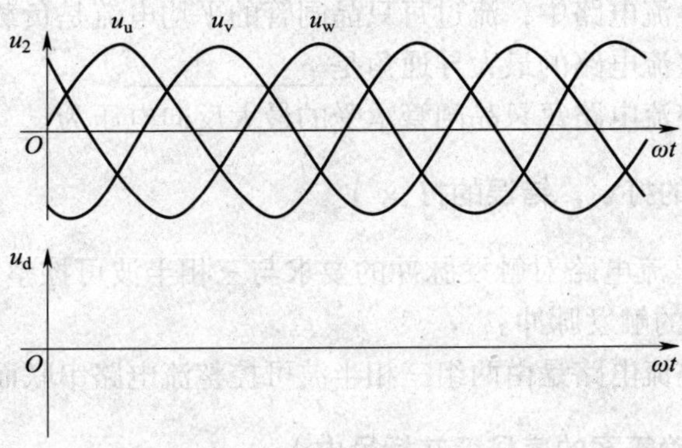

2．三相半波可控整流电路带电感性负载接续流二极管，U_2=100 V，R_d=5 Ω，L 值极大，当 α=60°时：

（1）画出 u_d、i_d 和 i_{VT1} 的波形；

（2）计算 U_d、I_d、I_{dT} 的值。

§4–2　三相桥式半控整流电路

一、填空题（将正确答案填在横线上）

1．三相桥式半控整流电路带电阻性负载，其控制角的范围是＿＿＿＿＿＿。

2．三相桥式半控整流电路中，流过每只晶闸管的平均电流是负载电流的＿＿＿＿＿＿。

3．三相桥式半控整流电路的最大导通角是＿＿＿＿＿＿。

4．三相桥式半控整流电路每只晶闸管承受的最大反向电压为＿＿＿＿＿＿。

二、判断题（正确的打√，错误的打 ×）

1．三相桥式半控整流电路对触发脉冲的要求与三相半波可控整流电路相同，都是三个在一个周期内间隔 120° 的触发脉冲。（　　）

2．三相桥式半控整流电路是由两组三相半波可控整流电路串联而成。（　　）

三、选择题（将正确答案的序号填在括号内）

1．三相桥式半控整流电路，当控制角 α=0° 时，其最大导通角为（　　）。

A．90°　　B．120°

C．150°　　D．180°

2．三相桥式半控整流电路，设三相交流电源的频率为 f，当控制角 α=0° 时，其脉动电压的最低脉动频率为（　　）。

A．$2f$　　B．$3f$

C．$4f$　　D．$6f$

3．三相桥式半控整流电路带大电感负载，若控制角 α=90°，则续流二极管每周期的导通电角度为（　　）。

A．3 × 30°　　B．3 × 60°

C．30°　　D．60°

§4–3　三相桥式全控整流电路

一、填空题（将正确答案填在横线上）

1．三相桥式全控整流电路是由一组共＿＿＿＿＿极组晶闸管和一组共＿＿＿＿＿极组晶闸管串联构成的，晶闸管的换相在同一组内进行，每隔＿＿＿＿＿换一次相，在电流连续时每只晶闸管导通＿＿＿＿。要使电路工作正常，任何时刻必须有＿＿＿＿只晶闸管同时导通，一只是共＿＿＿＿极的，另一只是共＿＿＿＿极的，而且两个导通的晶闸管＿＿＿＿＿＿＿＿。

2．三相桥式全控整流电路接电阻性负载，当控制角＿＿＿＿时，＿＿＿＿电流连续。

3．三相桥式全控整流电路接电阻性负载时，电路的移相范围为＿＿＿＿＿＿。

4．三相桥式全控整流电路的输出电压 u_d 一周期脉动＿＿＿＿次，每次脉动的波形都一样，故该电路为＿＿＿＿＿＿。

5．对三相桥式全控整流电路实施触发，如果采用单宽脉冲，则单宽脉冲的宽度应取＿＿＿＿合适；如果采用双窄脉冲触发，则双窄脉冲的间隔应为＿＿＿＿合适。

6．三相半波可控整流电路，输出到负载的平均电压波形脉动频率为＿＿＿＿；而三相全控桥整流电路，输出到负载的平均电压波形脉动频率为＿＿＿＿；这就说明＿＿＿＿＿＿电路的纹波系数比＿＿＿＿＿＿电路要小。

二、判断题（正确的打√，错误的打 ×）

1．三相全控桥和三相半控桥都是由两组三相半波可控整流电路串联组成的。（　　）

2．三相桥式全控整流电路中，输出电压的脉动频率为 150 Hz。（　　）

3．三相桥式全控整流电路采用双窄脉冲触发晶闸管时，电源相序还要满足触发电路相序才能正常工作。（　　）

4．只要采用双窄脉冲触发三相桥式全控整流电路，电路就能正常工作。（　　）

5．三相桥式全控整流电路，实质上是由共阴极组（VT1、VT3、VT5）与共阳极组（VT2、VT4、VT6）两组三相半波可控整流电路并联而成。（　　）

6．在三相桥式全控整流电路中，晶闸管的导通顺序是：VT6、VT1 → VT1、VT2 → VT2、VT3 → VT3、VT4 → VT4、VT5 → VT5、VT6 → VT6、VT1。（　　）

三、选择题（将正确答案的序号填在括号内）

1．三相桥式全控整流电路带大电感负载，当 α=（　　）时，整流平均电压 U_d=0。

A．30°　　B．60°

C．90°　　D．120°

2．三相桥式全控整流电路带电阻性负载时，移相范围是（　　）。

A．0°～180°　　B．0°～150°

C．0°～120°　　D．0°～90°

3．三相桥式全控整流电路带电阻性负载，当 α=（　　）时，输出负载电压波形处于连续和断续的临界状态。

A．0°　　B．60°

C．30°　　D．120°

4．三相桥式全控整流电路带电阻性负载，当 α=0°时，输出负载电压平均值为（　　）。

A．$0.45U_2$　　B．$0.9U_2$

C．$1.17U_2$　　D．$2.34U_2$

5．三相桥式全控整流电路带大电感负载时，α 的有效移相范围是（　　）。

A．0°～90°　　B．30°～120°

C．60°～150°　　D．90°～150°

6．三相桥式全控整流电路在一个周期内，每个整流器件的导通时间是负载电流通过时间的（　　）。

A. 1/2　　B. 1/3
C. 1/6　　D. 1/8

四、简答题

1. 在三相桥式全控整流电路中，如果共阴极组有一只晶闸管短路，电路会发生什么现象？应如何保护晶闸管？

2. 三相桥式半控整流电路与三相桥式全控整流电路相比有哪些特点？

3. 三相桥式全控整流电路触发脉冲的最小宽度应是多少？

五、计算题

1．三相桥式全控整流电路带电感性负载，U_2=100 V，R_d=5 Ω，L 值极大，当 α=60°时：

（1）画出 u_d、i_d 和 i_{VT1} 的波形；

（2）计算 U_d、I_d、I_{dT} 的值。

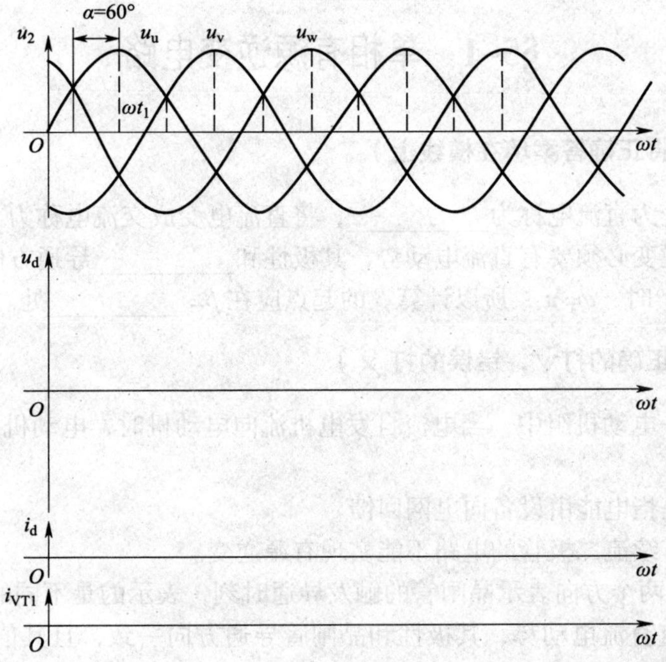

2．三相桥式全控整流电路带电阻性负载，如果有一只晶闸管不能导通，此时整流电压 U_d 的波形如何？如果有一只晶闸管被击穿而短路，其他晶闸管会受什么影响？

第五章　有源逆变电路

§5-1　单相有源逆变电路

一、填空题（将正确答案填在横线上）

1．将交流电变为直流电称为__________，将直流电变成交流电称为__________。

2．实现有源逆变必须要有直流电动势，其极性和__________导通方向一致。

3．逆变角 β=0°时，α= π，所以计算 β 的起点应在 β=__________处。

二、判断题（正确的打√，错误的打 ×）

1．在发电机—电动机组中，当电流自发电机流向电动机时，电动机处于发电制动状态。（　　）

2．有源逆变是指电能由设备向电网回馈。（　　）

3．半控桥或有续流二极管的电路不能实现有源逆变。（　　）

4．α 和 β 是从两个方向表示晶闸管的触发导通时刻，表示的是不同的触发点。（　　）

5．逆变时要有直流电动势，其极性和晶闸管导通方向一致，且其值要大于变流器直流侧的平均电压，才能提供逆变能量。（　　）

三、选择题（将正确答案的序号填在括号内）

1．以下可能实现有源逆变的电路是（　　）。

A．全控桥式电路　　B．半控桥式电路

C．全控桥式带续流二极管电路　　D．二极管单相整流电路

2．逆变时晶闸管的控制角（　　）。

A．大于 90°　　B．小于 90°

C．等于 90°　　D．大于或小于 90°

四、简答题

1．无源逆变电路和有源逆变电路有何区别？

2. 有源逆变有何作用?

§5–2 三相半波有源逆变电路

一、填空题（将正确答案填在横线上）

1. 逆变时尽管晶闸管承受负的电源电压，但在整个电路中，晶闸管承受__________向电压__________，晶闸管__________条件得到满足，仍然能够导通，有__________流过晶闸管，同时有__________的电压波形输出。

2. 由晶闸管的__________导电性可知，__________时电流的方向与整流时一样。

3. 逆变时电动机__________供出能量，变压器__________直流电能，把由晶闸管变换过来的与电源__________的交流能量送到电网中去，另一部分消耗在回路电阻上。

二、判断题（正确的打√，错误的打 ×）

1. 三相半波逆变与整流一样，按照三相交流电源的相序依次换相，每只晶闸管导通120°。（　　）

2. 三相半波逆变时，晶闸管阳极与阴极之间承受的是线电压。（　　）

3. 有源逆变时，晶闸管承受正向电压的时间多于反向电压的时间。（　　）

三、选择题（将正确答案的序号填在括号内）

1. 三相半波有源逆变时，晶闸管承受的最大正向电压为（　　）。

A. $\sqrt{6}u_2$　　B. $\sqrt{3}u_2$　　C. $\sqrt{2}u_2$　　D. $\sqrt{5}u_2$

2. 三相半波有源逆变时，晶闸管承受的最大反向电压为（　　）。

A. $\sqrt{6}u_2$　　B. $\sqrt{3}u_2$　　C. $\sqrt{2}u_2$　　D. $\sqrt{5}u_2$

§5–3 三相桥式有源逆变电路

一、填空题（将正确答案填在横线上）

1．三相桥式有源逆变电路中，每过__________总有两管换流，换流是在__________晶闸管之间按__________的顺序或__________的顺序进行，每只管分别轮流导通__________，导通顺序依次为______________________________。

2．三相桥式有源逆变电路中，分析 1 管两端的电压波形时，只有当__________管导通，其两端才有波形输出，并分别对应为__________、__________；1 管本身导通时，忽略管压降，端电压为__________。

二、判断题（正确的打√，错误的打 ×）

1．三相桥式有源逆变电路中，每个瞬间总有上下两组中的两只管保持导通。（　　）

2．有源逆变产生的条件之一，是变流电路直流侧应具有提供逆变能量的直流电流电动势 E，其极性应与晶闸管的导通电流方向相同。（　　）

三、选择题（将正确答案的序号填在括号内）

1．三相桥式有源逆变电路工作在有源逆变状态，则晶闸管所承受的最大正向电压为（　　）。

A．$\sqrt{6}u_2$　　B．$\sqrt{3}u_2$

C．$\sqrt{2}u_2$　　D．$\sqrt{5}u_2$

2．有源逆变电路中，晶闸管大部分时间承受正压，承受反压的时间为（　　）。

A．$\pi-\beta$　　B．$30°+\beta$

C．$10°+\beta$　　D．β

3．三相桥式有源逆变电路工作在有源逆变状态，逆变角的变化范围是（　　）。

A．0°～90°　　B．0°～120°

C．90°～180°　　D．0°～150°

四、简答题

列表归纳三相半波有源逆变与三相桥式有源逆变各量值的计算公式。

各量值	三相半波有源逆变	三相桥式有源逆变
输出电压平均值		
输出电流平均值		
流过晶闸管电流的平均值		
流过晶闸管电流的有效值		
流过变压器二次侧的电流有效值		

§5-4 逆变失败与逆变角的限制

一、填空题（将正确答案填在横线上）

1．逆变颠覆中__________和__________顺极性串联，会出现很大的__________电流流过晶闸管和负载。

2．造成逆变失败的原因有：__________________________、__________________________、__________________________。

3．最小逆变角 β_{min} 的大小一般考虑三个因素：________________、________________、________________。

二、判断题（正确的打√，错误的打 ×）

1．逆变电路中，如果晶闸管换相失败，将导致逆变失败的严重后果。（ ）

2．逆变电路中，如果晶闸管发生故障，应阻断时失去阻断能力，应导通时不能导通，都会造成逆变失败。（ ）

3．晶闸管发生故障在逆变电路中造成的后果比在整流电路中严重。（ ）

三、选择题（将正确答案的序号填在括号内）

1．下列情况会造成逆变失败的是（ ）。

A．负载电流增大　　B．晶闸管逆变角增大

C．单触发脉冲改为双窄脉冲　　D．触发脉冲丢失

2．逆变角 β 太小导致换流失败的原因是（ ）。

A．该关断的晶闸管已关断　　B．该关断的晶闸管丢脉冲

C．该关断的晶闸管没关断　　D．该关断的晶闸管过载

四、简答题

1．某晶闸管的关断时间是 250 μs，请问其对应的电角度 δ_0 是多少？

2．什么是逆变失败？逆变失败的最终后果是什么？

3．有源逆变最小逆变角受哪些因素的限制？为什么？

实训报告表（样例）

<table>
<tr><td>实训名称</td><td></td><td>所属课程</td><td colspan="2"></td></tr>
<tr><td>实训时间</td><td colspan="4">年　　月　　日至　　　年　　月　　日，第　　学期</td></tr>
<tr><td>实训地点</td><td colspan="2"></td><td>实训用时（学时）</td><td></td></tr>
<tr><td>学习
任务
描述</td><td colspan="4"></td></tr>
<tr><td>学习
目标</td><td colspan="4"></td></tr>
<tr><td>设备
工具
材料</td><td colspan="4"></td></tr>
<tr><td colspan="2">实训内容</td><td colspan="3">相关知识</td></tr>
<tr><td colspan="2"></td><td colspan="3"></td></tr>
</table>

续表

<table>
<tr><td colspan="3"></td><td colspan="2"></td></tr>
<tr><td rowspan="3">自我
评价</td><td>技能（40%）</td><td>知识（30%）</td><td>素养（30%）</td><td>得分</td></tr>
<tr><td></td><td></td><td></td><td></td></tr>
<tr><td colspan="4"></td></tr>
<tr><td rowspan="3">教师
评价</td><td>技能（40%）</td><td>知识（30%）</td><td>素养（30%）</td><td>得分</td></tr>
<tr><td></td><td></td><td></td><td></td></tr>
<tr><td colspan="4">指导教师签名：
年　月　日</td></tr>
</table>